图书在版编目（CIP）数据

贝乐虎儿童自救急救书. 流血大危机 / 徐惜麦著 ; 张敬敬绘. -- 北京 : 电子工业出版社, 2020.8
ISBN 978-7-121-39236-8

Ⅰ. ①贝… Ⅱ. ①徐… ②张… Ⅲ. ①安全教育 – 儿童读物 Ⅳ. ①X956-49

中国版本图书馆CIP数据核字(2020)第129624号

责任编辑：季　萌
印　　刷：北京缤索印刷有限公司
装　　订：北京缤索印刷有限公司
出版发行：电子工业出版社
北京市海淀区万寿路173信箱　邮编：100036
开　　本：889×1194　1/24　　印张：12　　字数：199.98千字
版　　次：2020年8月第1版
印　　次：2022年7月第2次印刷
定　　价：138.00元（全6册）

凡所购买电子工业出版社图书有缺损问题，请向购买书店调换。若书店售缺，请与本社发行部联系，联系及邮购电话：（010）88254888，88258888。

质量投诉请发邮件至zlts@phei.com.cn，盗版侵权举报请发邮件至dbqq@phei.com.cn。

本书咨询联系方式：（010）88254161转1860，jimeng@phei.com.cn。

贝乐虎儿童自救急救书

流血大危机

磕碰伤+划伤+狗咬伤

徐惜麦 著 张敬敬 绘

電子工業出版社

Publishing House of Electronics Industry

北京·BEIJING

闪亮登场

贝乐虎院长

大海

米妮

小猛犸

聪聪

抒抒

石头

诞妹

朱迪

美子

啾啾

唐唐

北北

葫芦

“丁零——”下课铃声终于响了。这一上午，可把朱迪急坏了，这会儿他一下子从座位上跳起来，迫不及待地往 VR 教学实验室跑去。

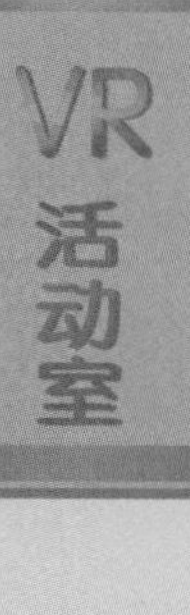

另一边，小猛犸则拉着学习委员啾啾也来到了 VR 活动室。

“可是后天就要周测验了，我想复习……”啾啾只好坦白了。

“听我的，劳逸结合，效果更好！你一定不会后悔玩这个游戏的！”

“朱医生、啾医生，你们好。我是贝乐虎院长，这是你们今天值班的急诊室，你们会在接诊过程中学习和掌握医疗设备的使用方法。患者的满意度决定着你们的排名。”贝乐虎院长嘱咐着。

贝乐虎院长刚说完话就消失了。朱迪一进入游戏，整个人兴奋极了。这时，旁边响起一个女孩小小的声音：“咦？怎么还有一个人？”

朱迪一转身，看见一个穿白大褂的小女孩站在自己身边。

“哇！还是联机游戏！”朱迪马上明白过来，热情地对啾啾说，“你好啊，今天这个游戏需要我们共同完成。我是朱迪，你是哪个学校的？”

“我是清水附小的啾啾。咱们赶快开始吧，这个游戏怎么玩呢？”啾啾只想赶紧完成任务。

见啾啾一脸严肃，整个人都冷冰冰的，朱迪撇撇嘴。

不过，VR 游戏已经开始了，他很快就将注意力全部转移到游戏中去了。

咕

咕

咕

翻翻急救箱，看看病历本，又摆弄起挂在身上的听诊器，朱迪一个人玩得不亦乐乎。

滴！滴！滴！
1号患者请就诊，
2号患者请准备。

突然，电脑里传来一声提示音，吓了他俩一跳。

“1号患者请就诊，2号患者请准备。”

朱迪和啾啾一起看向门口——一个女孩一瘸一拐地走了进来。

“你怎么啦？”朱迪和啾啾异口同声地问。

“我跑步时摔了一跤，好疼啊！”女孩边说边小心翼翼地提起左边的裤管，只见膝盖和周围出现一大片粉红色的擦伤，白色的表皮翻了起来，有些地方已经渗出了鲜血。

“嘶！”啾啾倒吸一口凉气，她没想到游戏会这么逼真，有点儿被吓到了。

这时，朱迪在一旁大咧咧地说：“我以为多严重呢，不就是蹭了一下吗？好办！”说完就到处翻找起来。

他竟然会治？是有游戏提示吗？为什么我没看到？啾啾心里有无数个疑问。

用生理盐水
冲洗伤口。

准备碘伏和棉签等工具。

用棉签沾取碘伏，涂在擦伤处。

用纱布将患处松松地包扎
起来，注意不要包得过紧。

“啊！好疼！”随着朱迪的动作，女孩疼得大叫起来。

“忍一忍！马上就好了！”朱迪一边安慰她，一边用纱布包扎伤口，说，“看！好了吧！”

女孩终于平静下来，问道：“那我回去要做什么吗？”

“不用，伤口马上就会结痂了，你就又可以玩了！”朱迪拍着胸脯说。

滴！滴！滴！
患者满意度 70%。
减分原因：碘伏消毒应由内向外采取画圈式涂抹方式，由于此病例无提示操作，朱医生依靠应变能力加分 10%，
1 号患者最终满意度为 80%。

“滴！”电脑提示音响起，“1号患者最终满意度为 80%。”

“无提示操作？”看着电脑屏幕上的字，啾啾惊讶地问，“所以刚才的治疗方法是你自己想的？”

“什么治疗方法？磕破不是常有的事嘛，医务室老师每次都是这么给我治的啊。”朱迪满不在乎地说。

听了朱迪的话，啾啾心里犯起了嘀咕：“我怎么什么都不懂？老师没教过这些啊！”

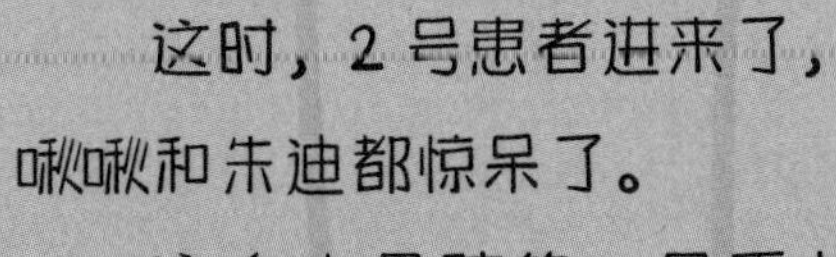

这时，2 号患者进来了，啾啾和朱迪都惊呆了。

这个小男孩的一只手上满是鲜血，脸色苍白。

“医生！我的手被玻璃扎了，快帮帮我……”小男孩一脸恐惧。他的手心有一道深深的伤口，血从伤口处直往外冒。

2号患者

创口长约1.5cm，
最深处约0.3cm，
血液为暗红色，应为锐器划伤导致的静脉出血。

处理方法：

1. 按压止血；
2. 生理盐水冲洗；
3. 根据止血情况选择缝合或贴免缝合胶带；
4. 若伤口过深，需打破伤风针。

啾啾的眼里，一时间全都是鲜红的颜色！直到朱迪使劲拍她，才回过神来。

“有字！快看写的什么？”朱迪用手按住小男孩流血的手心，顾不上看提示，只好问啾啾。

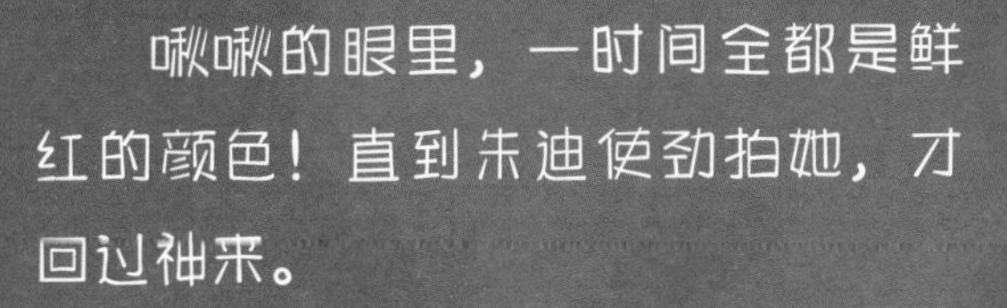

生理盐水
烧烫伤膏

速读是啾啾的长项，她三秒钟就把提示一字不落地看完了。

“按压止血！咦？”啾啾看见朱迪已经在给小男孩止血，更惊讶了。

“我按住了！然后呢？”朱迪头也不抬地问。

“冲洗！就是你刚才用的那瓶生理盐水，我去找！”啾啾慌慌张张地找来那瓶生理盐水，再看小男孩伤口，突然叫了出来：“真的不流血了！朱医生，你怎么知道要按压止血的？”

“这……救人就要止血啊，血流光了，还能有救吗？可能是我受伤的次数太多了，有时把伤口捏住，一会儿就能愈合！这好像是……人体的自愈能力！”朱迪解释着。

这时的啾啾，好想掏出笔记本，把朱医生的话全都记下来。可是，患者的伤不允许她走神，她赶忙拿起生理盐水，帮男孩把手冲洗干净。

“暂时没有危险了。”啾啾一边用纱布覆盖住伤口一边对男孩说，“你继续按住伤口，去操作室缝针、打破伤风针。”

“啊！我不要缝针！不要打针！”男孩突然哭喊起来。

“缝针还不一定，但破伤风针肯定要打的！要是伤口感染了，你的手没准就不能要了。”朱迪一本正经地说。

小男孩一听吓坏了，乖乖地按住伤口去隔壁了。

“这孩子，也太不小心了！”看着小男孩的背影，朱迪感叹道。

“如果不是你平时淘气总受伤，怎么会知道这么多……”啾啾忍不住笑着说。

“我……那都是小时候的事了！我以后肯定不会再把自己弄伤了。”朱迪有点儿不好意思。

“滴！”提示音响了。“满意度95%！哇！好高啊！”啾啾和朱迪激动地一起叫起来。这时的啾啾早就把周测验的压力抛到脑后了。

“我没事！不就是被咬了一下嘛！”

“不行！必须打针！”

电脑提示还没响起，一位年轻的妈妈就拽着一个小男孩走进了诊室。

“大夫，我儿子在路上逗流浪狗，结果被咬了！”阿姨边说边拉过小男孩的腿给朱迪和啾啾看——腿上真的有四个清晰的牙印，血还没有凝固。

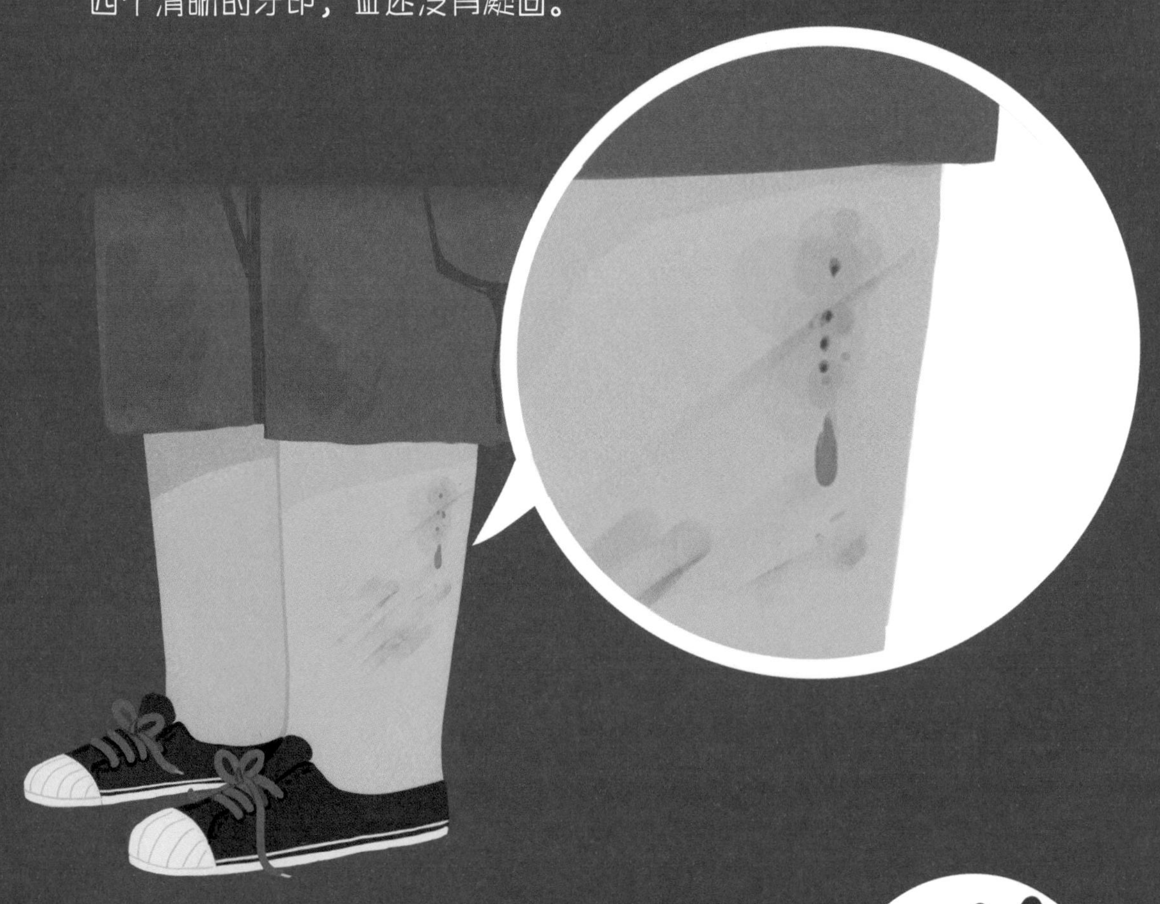

犬牙咬噬痕迹＋患者描述，

应为犬咬。

处理方法：

1. 第一时间用 20% 的肥皂水仔细冲洗伤处，尽量将伤口周围组织液和血液挤压出去。

2. 用大量流动清水冲洗伤处，至少 30 分钟。

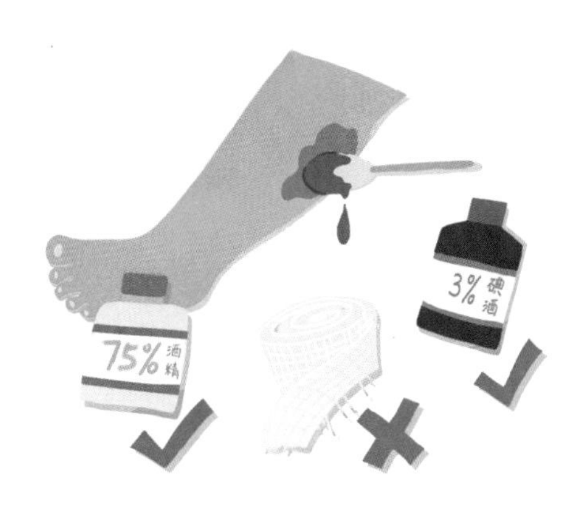

3. 用 3% 的碘酒或 75% 的酒精在伤口周围擦拭消毒，不要包扎伤口。

4. 全程共注射狂犬病疫苗五针，要遵照医嘱进行注射。

朱迪还在慢吞吞地看提示，啾啾早就已经记住了，使劲儿推着朱迪说：“快去找肥皂水冲洗伤口！”

啾啾一边安慰着小男孩，一边用肥皂水反复冲洗伤口。

在小男孩的哭声中，啾啾硬着头皮，用力挤着他被咬破的伤口，又挤出了一点点血。

肥皂水

这时，伤口的里里外外一点血都没有了。“应该可以了吧？”

接着，他们让小男孩把腿伸到水流下面。两个人使出浑身解数，劝小男孩再多坚持一会儿。眼看着伤口都被水泡得发白了，小男孩的妈妈不耐烦起来。

“可以了吧？刚才不是都用肥皂水洗了吗？直接打针吧！”

“肥皂水是中和酸性毒素的，清水是为了彻底洗掉狗狗口水的，哪一步都不能少。阿姨，狂犬病毒一旦发作，死亡率可是百分之百！您如果一开始就阻止小弟弟去逗狗，他就不用承受这么多痛苦了。”啾啾见这个妈妈这么不负责任，有点儿生气，一股脑地说了出来。

听到这儿，朱迪一脸崇拜地给啾啾竖起了大拇指，惊讶道：“你怎么懂得这么多？什么酸性、什么毒素，有提示吗？”

“没有啊……因为肥皂水是碱性的，我猜这个狂犬病毒肯定是酸性的！”啾啾有点儿害羞，连忙推着朱迪去给小男孩做最后的消毒。

“好了，去隔壁打针吧！不止一针哦，一定要按时来打。”啾啾嘱咐着母子俩。

送走了他们，两个小医生不约而同地长出了一口气。

这时，贝乐虎院长出现了。“朱医生的患者满意度达到了 90%，啾医生的患者满意度达到了 85%。你们扬长避短，配合默契，成绩非常好哦！”